AF240014

RECHERCHES

RELATIVES A

L'ÉTUDE DE L'ACUITÉ VISUELLE

CONDITIONS

DE LA

VISIBILITÉ DES LIGNES ET DES POINTS

PAR

N. MANOLESCU

Docteur en Médecine de la Faculté de Bucarest

PARIS

IMPRIMERIE ADMINISTRATIVE EDMOND ROUSSET ET Cⁱᵉ

M DCCC LXXX

RECHERCHES

RELATIVES A

L'ÉTUDE DE L'ACUITÉ VISUELLE

CONDITIONS

DE LA

VISIBILITÉ DES LIGNES ET DES POINTS

Note communiquée à la Société de Biologie, séance du 7 février 1880, Paris.

Dans un mémoire paru dans les *Annales d'oculistique* (tome LXXXI, 1879), M. Javal a indiqué théoriquement les conditions de visibilité des points et des lignes.

Le présent travail a pour objet de vérifier expérimentalement les assertions contenues dans ce mémoire.

Les expériences ont été exécutées au laboratoire d'ophthalmologie de la Sorbonne.

J'ai recherché successivement :

I. La visibilité des points par rapport à leur surface.

II. La visibilité des points par rapport à leur éclairage.

III. La visibilité des lignes également par rapport à leur éclairage.

Il est nécessaire de faire remarquer immédiatement que la dénomination de points et de lignes ne sera pas employée dans un sens mathématique, mais simplement pour désigner de petites surfaces circulaires et linéaires.

DISPOSITION DES EXPÉRIENCES. — Les points ou les lignes consistaient en ouvertures circulaires ou linéaires pratiquées dans des plaques métalliques, et dont les bords étaient aussi nets que possible.

La plaque était fixée contre une ouverture de la porte, par laquelle deux chambres communiquaient entre elles, dans un trou pratiqué à la hauteur des yeux, de manière que l'expérience se faisait debout.

Les deux chambres étaient soustraites, aussi complètement que possible, à toute lumière extérieure ou étrangère à l'expérience. Dans l'une d'elles se trouvait l'éclairage pour expérimenter, et, dans l'autre, l'observateur du point ou de la ligne dont il cherchait la visibilité.

L'ouverture métallique qui constituait le point ou la ligne était recouverte de plusieurs feuilles de papier blanc, afin d'avoir une lumière diffuse.

La mesure des différentes quantités de lumière, qui éclairait le point ou la ligne, était obtenue en variant l'éclairage par rapport au carré des nombres.

Pour avoir un éclairage régulier, la source lumineuse était promenée sur une surface horizontale et dans une direction perpendiculaire au plan dans lequel se trouvait le point ou la ligne à observer.

La source lumineuse était une lampe à gaz de Giroud, qui donne une lumière d'une intensité constante.

Ces conditions réalisées, un aide dans la chambre à éclairage arrêtait la source lumineuse, toujours constante pour une même expérience, à des distances exactement mesurées, en même temps que l'observateur dans la chambre d'observation marquait aussi exactement que possible les différentes distances de visibilité des points ou des lignes, croissantes ou décroissantes, suivant la quantité de lumière qui éclairait ces points ou ces lignes.

Pour plus de précision dans la marque de ces différentes distances, comme l'observateur se trouvait dans l'obscurité la plus complète, il se servait d'une ficelle, dont une des extrémités était attachée sur la porte, à côté de la surface éclairante, et qu'il tendait jusqu'à sa tempe.

Au moment où cette surface cessait d'être vue, on le marquait sur la ficelle par un nœud, qui correspondait au bord orbitaire externe.

Chaque fois que l'observateur avait marqué la distance où l'objet cessait d'être visible, il demandait à l'aide d'approcher ou d'éloigner la source lumineuse, pendant qu'il prenait un repos de 5-10 minutes, pour ensuite recommencer à chercher la distance à laquelle le même objet, disparu ou devenu plus visible, par l'éloignement ou l'approchement de la source lumineuse, cessait de nouveau d'être vu.

Toutes les expériences ont été faites par des yeux normaux.

Mes yeux ont une hypermétropie de 0,50 p., un astigmatisme régulier de 0,25 p. et $S = 1\frac{1}{3}$.

RÉSULTATS EXPÉRIMENTAUX. — Les résultats auxquels mes expériences ont conduit sont les suivants :

(A.) *L'éclairage restant invariable, la visibilité des points est proportionnelle au carré de leur diamètre.*

Si l'on désigne par d et d' les diamètres des 2 points différents et par v et v' leur visibilité en mètres, la formule de cette loi serait

$$\frac{v}{d^2} = \frac{v'}{d'^2}.$$

A ce point de vue, je présente 11 expériences, établissant le rapport entre la visibilité des 11 points de diamètre variable.

Une filière, destinée à la fabrication de fils métalliques, présentant plusieurs trous, m'a servi d'avoir les 11 points pour les expériences.

Le diamètre du plus grand de ces trous était de 5, 6^{mm}, celui du plus petit était de 1, 6^{mm}, et il différait d'un trou à l'autre de 4 dixièmes de millimètre, ce qui équivaut à $\frac{1}{6}$ de ligne.

N° des expériences.	Diamètre des points.	Leur visibilité en mètres.	Les rapports de la visibilité au carré de leur diamètre.
I	5,6 $^{m}/^{m}$	15,5	$\frac{(5,6)^2}{15,5} = 2,002.$
II	5,2 »	13,8	$\frac{(5,2)^2}{13.8} = 2,002.$
III	4,8 »	12,0	$\frac{(4,8)^2}{12} = 1,920.$
IV	4,4 »	10,65	$\frac{(4,1)^2}{10,65} = 1,911.$
V	4.0 »	29,70	$\frac{99,70}{4^2} = 1,810.$
VI	3,6 »	19,50	$\frac{19.50}{(36)^2} = 1,505.$
VII	3,2 »	15,95	$\frac{15,95}{(3,2)} = 1,557.$
VIII	2,8 »	11,70	$\frac{11.70}{(2,8)^2} = 1,884.$
IX	2,4 »	11,40	$\frac{11,40}{(2,4)^2} = 1,978.$
X	2,0 »	8,40	$\frac{8.70}{2^2} = 2,175.$
XI	1,6 »	5,70	$\frac{5,70}{(1,6)^2} = 2,220.$

Cette série d'expériences n'a pas été faite avec la même source lumineuse ; dans les 4 premières expériences, son intensité a permis d'avoir des distances de visibilité plus petites que le carré du diamètre des points.

Dans le reste, au contraire, la source lumineuse a donné les distances de visibilité plus grandes que le carré du diamètre des points ; c'est pourquoi se présente, inversement aux 4 premières expériences, le rapport de la distance de visibilité des points par le carré de leur diamètre.

(B.) *L'éclairage seul variant, la surface du point restant invariable, le produit de la distance de la source lumineuse par la distance de la visibilité reste constant.*

La formule suivante exprime bien cette loi, d désignant la distance de la source lumineuse et i son intensité : $di = k$.

Pour la vérification expérimentale de cette formule, je donne 10 expériences :

Numéros des Expériences.	Distance de la source lumineuse.	Distance de la visibilité en mètres.	Produit des deux distances.
I	4 »	0.59	2.76
	2 »	1.70	3.40
	1.33	2.30	3.05
	1 »	3.20	3.20
II	4 »	0.70	2.80
	2 »	1.44	2.88
	1 »	3.17	3.17
	0.50	4.48	2.05
III	2 »	1.27	2.54
	1 »	2.39	2.33
	0.50	3.10	1.55
	0.33	4.40	1.45
	0.25	5.12	1.28
IV	2 »	1.08	2.16
	1 »	2.19	2.19
	0.50	3.53	1.76
	0.33	5.43	1.89
	0.25	5.83	1.46
V	2 »	0.45	0.90
	1 »	1.27	1.27
	0.50	1.89	0.94
	0.33	2.35	0.77
	0.25	3.57	0.89
VI	1 »	1.43	1.43

Numéros des Expériences.	Distance de la source lumineuse.	Distance de la visibilité en mètres	Produit des deux distances.
VI	0.50	1.90	0.95
	0.33	2.50	0.82
	0.25	3.25	0.80
	0.12	4.74	0.76
VII	0.12	5.70	0.68
	0.25	4.52	1.13
	0.33	3.60	1.18
	0.50	2.35	1.12
	1 »	1.24	1.24
	2 »	0.76	1.52
VIII	0.12	5.44	0.66
	0.25	4.48	1.12
	0.33	4.03	1.32
	0.50	2.83	1.41
	1 »	1.51	1.51
IX	0.12	6.32	0.79
	0.25	3.97	0.99
	0.33	3.16	1.04
	0.50	2.21	1.10
	1 »	1.18	1.18
X	0.12	5.32	0.63
	0.25	4.98	1.24
	0.33	4.16	1.37
	0.50	2.36	1.18
	1 »	1.30	1.30

OBSERVATION. — Le premier des produits des distances, dans la plupart des expériences, s'éloigne trop de la loi que les autres prouvent en général.

Par des essais relatifs, je me suis convaincu que cette irrégularité est provenue de ce que l'observateur, après être passé dans la chambre obscure, avait commencé l'expérience trop tôt.

C.— La visibilité des lignes par rapport à l'éclairage est soumise à la même loi que celle des points, telle qu'elle a été indiquée au numéro *B*.

La même formule que celle du second résultat s'applique à la visibilité des lignes également.

Quatre expériences que j'insère ici démontrent que *l'éclairage seul variant, et la surface de la ligne restant constante, le produit de la distance de la source lumineuse par la distance de la visibilité de la ligne reste constant.*

Numéros des Expériences	Distance de la source lumineuse	Distance de la visibilité en metres	Produit des deux distances	Numéros des Expériences	Distance de la source lumineuse	Distance de la visibilité en metres	Produit des deux distances
I	2 »	0.51	1.02	II	0.33	4.97	1.64
	1 »	1.07	1.07		0.25	5.85	1.46
	0.50	2.20	1.10				
	0.33	3.60	1.18	III	2 »	0.94	1.88
	0.25	5.45	1.11		1 »	1.79	1.79
					0.50	3.14	1.67
II	2 »	0.83	1.66		0.33	5.40	1.78
	1 »	1.70	1.70		0.25	6 »	1.57
	0.50	3.15	1.57				

Observation. — Dans le cours de l'expérience j'ai remarqué que la vision d'une ligne, finalement, se réduit à celle d'un point.

En effet, la ligne éclairante diminue de longueur à mesure que la visibilité baisse, de sorte que dans le dernier moment, une ligne longue de 1 8 c. m. et large de 2 mm. est vue comme un point excessivement petit et peu éclairé.

Ce phénomène s'explique, ce me semble, par la disposition anatomique des éléments sensibles de la rétine.

La partie centrale de la ligne, qui vient en rapport avec le point le plus sensible de la rétine, le centre de la macula, reste seul visible jusqu'au moment de l'invisibilité, tandis que les autres parties de la ligne, les extrêmes surtout, venant en rapport avec les parties périphériques de la macula, parties moins sensibles que le centre, perdent de meilleure heure leur visibilité.

DIFFICULTÉS DE CES EXPÉRIENCES. — En réalité ces difficultés sont beaucoup plus grandes qu'elles ne le paraissent. On en rencontre de sérieuses pour déterminer la distance précise où un point cesse d'être vu. Le point à observer dans le dernier moment de sa visibilité, se perd dans le chaos lumineux du champ visuel obscur, et on hésite fort longtemps à marquer la distance où l'invisibilité commence.

En effet, le point lumineux devient si petit, si peu éclairé, en raison de la réduction de l'angle sous lequel on le voit et de la diminution de l'éclairage, par l'éloignement, que son étendue n'est pas plus grande que celle d'un flocon lumineux du champ visuel obscur.

A cette difficulté se surajoute l'intervention de l'image accidentelle — et quelquefois il arrive que l'on croit regarder le point lumineux, lorsque tout au contraire, on ne regarde que l'image accidentelle qui occupe une place dans le champ visuel obscur, dans une direction toute autre que celle du point à observer et qu'un déplacement des yeux lui avait fait occuper.

Lorsqu'on s'aperçoit de cette fausse route, on revient sur ses pas et tout est à recommencer, quant à cette partie de l'expérience.

Si cet embarras se présente plusieurs fois dans le courant d'une expérience, alors toute l'expérience est à refaire ; car, à la fatigue des yeux se surajoutent d'autres phénomènes toujours de nature à troubler la régularité de l'expérience.

La fatigue des yeux est une cause remarquable de difficulté. Dans une seule expérience, lorsque celle-ci, par une cause quelconque ne marche pas régulièrement, la fatigue devient tellement sensible qu'un repos de 2) à 30 minutes devient nécessaire.

En cherchant le point perdu dans le chaos lumineux, on cligne fréquemment et on accomode en vain, et plus ce travail infructueux se prolonge, plus on voit survenir dans le champ visuel obscur des flocons, poussière et réseaux de rayons lumineux.

Dans le courant de ces expériences il m'est arrivé de voir du côté temporal de mon champ visuel, et seulement d'un seul côté en même temps, à droite ou à gauche, une lueur qui descendait de haut en bas et d'arrière en avant, tellement intense que j'étais porté à croire que mon bras était visible, ce dont j'ai vainement essayé de m'assurer.

Ce phénomène ne s'est pas présenté dans chaque expérience : je l'ai vu seulement 5 fois dans une trentaine d'essais expérimentaux et il a coïncidé toujours avec le repos que je prenais dans les intervalles des différentes parties de l'expérience.

La genèse de ces phénomènes et leur apparition plus intense, lorsque l'œil était plus fatigué, j'aimerais mieux l'expliquer par les impressions mécaniques communiquées au nerf optique et à la rétine, soit par les mouvements de rotation des yeux, soit par ceux d'accomodation, que par la théorie de Hering, à savoir, que le chaos lumineux serait la conséquence d'un excès de désassimilation par un excès d'assimilation de la matière visuelle, lorsque les yeux passent d'un milieu clair dans un milieu obscur.

Ces difficultés expliquent suffisamment pourquoi les résultats expérimentaux diffèrent dans une certaine mesure des énoncés théoriques.

CONCLUSION.

En règle générale, on peut dire que la visibilité des points et des lignes est proportionnelle à la quantité de lumière qu'ils envoient dans l'œil.

En effet, dans le premier résultat, on voit que, la quantité de lumière diminuant en rapport au carré de la distance et l'étendue de la surface lumineuse devenant 4 fois plus grande, la quantité de lumière que celle-ci envoie dans l'œil est aussi 4 fois plus grande ; par conséquent la visibilité du point reste la même, ce que j'ai établi expérimentalement.

Dans le second et le troisième résultats on constate la même chose. En effet en rapprochant la source lumineuse du point ou de la ligne, de la moitié de la distance, par exemple, l'éclairage de ceux-ci devient 4 fois plus grand et leur sensibilité quadruple également; mais pour l'observateur situé à une distance double elle ne fait simplement que doubler ; car à cette distance, l'intensité lumineuse devient également quatre fois plus petite.

La constance du produit de la distance de la source lumineuse par la distance de la visibilité, telle qu'elle a été établie par mes expériences, donne donc la vérification des prévisions de la théorie.

Dr N. MANOLESCU (Bucarest).

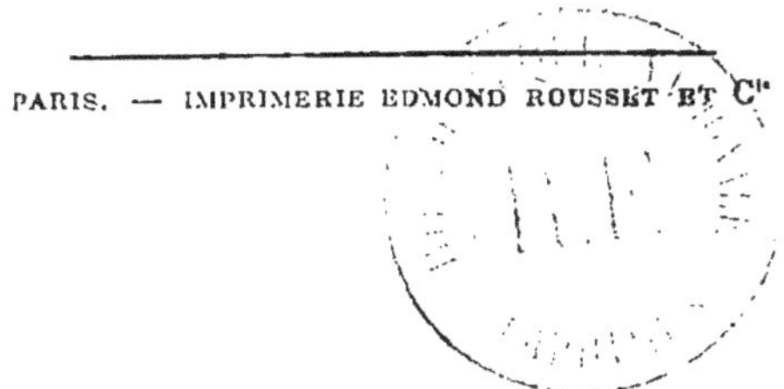

PARIS. — IMPRIMERIE EDMOND ROUSSET ET Cⁱᵉ

TRAVAUX DU MÊME AUTEUR·

I. Chloroformisatia copiilor, thesà pentru doctorat in Medicinà 1878.

II. Defectuositatile aparatului de incaldit al caselor din placiul Buzeu, distr. Buzeu si alte cauze de bolà (Jurnalul societatei sciintelor medicale. Bucuresti, 1879. No 9).

III. Expulsiunea incomplectà, prin putrefactie a unui al II lea fœtus, in temps de 3 1|2 luni, dupe nascerea primului (Jurnalul societatei sciintelor medicale. Bucuresti — 1879. No 13).

IV. Glocomul chron. simplu (Jurnanul societatei sciintelor medicale Bucuresti. No 18, 19, 20 si 21 — 1879).

V. Dificultatile servicuilui medical asa cum se impune in plaiul Buzeu, distr. Buzeu si systemul de serviciu ce cred mai folosilor (Journanul societatei sciintelor medicale. Bucuresti. No 14, 1879).

VI. De l'emploi de la sclérotomie pour la cure du glaucome chronique simple. (Travail présenté au Congrès international des sciences médicales d'Amsterdam — 1879).